GÉOLOGIE DE LA VENDÉE.

GROUPE CRÉTACIQUE

ou

Terrains crétacés

(Partie supérieure des terrains secondaires des anciens auteur
de la Vendée et de la Bretagne.

PAR M. A. RIVIÈRE.

Extrait des *Annales des Sciences géologiques*
publiées par M. RIVIÈRE. — 1842.

PARIS.—IMPRIMERIE DE FAIN ET THUNOT,
IMPRIMEURS DE L'UNIVERSITÉ ROYALE DE FRANCE,
Rue Racine, n° 28, près de l'Odéon.

GROUPE CRÉTACIQUE

ou

Terrains crétacés
(Partie supérieure des terrains secondaires des anciens auteurs)
de la Vendée et de la Bretagne,
Par M. A. Rivière.

Considérations préliminaires.

Les terrains crétacés de la France occidentale ont été reconnus et étudiés dans la Normandie, le Maine, la Touraine, l'Anjou, le haut Poitou, l'Angoumois, la Saintonge, les Pyrénées, etc.; mais en traversant la Vendée et la Bretagne, il semblait exister une lacune depuis l'île d'Oléron et l'île d'Aix jusqu'en Normandie. Or, cette lacune est beaucoup moins grande qu'on ne le pensait; car on retrouve, et dans la Vendée et dans la Bretagne, des dépôts plus ou moins considérables qui appartiennent aux terrains crétacés.

Depuis longtemps MM. Alex. Brongniart et Boué avaient soupçonné qu'une partie de l'île de Noirmoutier devait appartenir aux terrains crétacés, et probablement au grès vert. En 1833, M. Bertrand-Géslin est venu corroborer cette opinion par un excellent mémoire sur l'île de Noirmoutier[1]. A la même époque, je consta-

---

[1] *Mémoires de la Société géologique de France*, t. Ier.

tais l'existence des terrains crétacés sur le continent, dans les départements de la Vendée et de la Loire-Inférieure, résultat que M. Bertrand-Geslin a encore confirmé par ses recherches faites, en 1835, dans la forêt de Touvois.

Dans différentes localités de l'Ouest, on exploite les roches du groupe crétacique pour en retirer des pierres de construction, des pierres à chaux, à plâtre et à fusil, des marbres, des pierres d'ornement, et des matières propres à l'amendement des terres. Ces terrains offrent également des ocres et du combustible. Enfin, jadis les peuples celtiques ont employé des roches du groupe crétacique pour élever une partie de leurs monuments.

Si, dans diverses contrées, les dépôts crétacés produisent un relief très-varié, en Vendée ils ne donnent lieu à aucun accident prononcé : le pays formé par ces terrains est même monotone, sauf quelques coins qui offrent des sites assez pittoresques. Au reste on n'y voit jamais un sol stérile, comme on le remarque dans certaines localités crétacées du Perche et de la Sologne. Cet avantage tient, en majeure partie, non à la nature du terrain, mais bien à d'autres circonstances locales, telles que le mode de culture, la proximité des marais, le genre d'engrais, la facilité d'avoir des varecs rejetés sur les plages voisines, etc.

Les terrains crétacés que j'ai indiqués hors de la Vendée et de la Bretagne ayant été bien étudiés, je dois leur rapporter ceux de la Vendée et de la Bretagne. Néanmoins on remarquera certaines différences, notamment dans les superpositions, différences qui résultent peut-être de la difficulté d'observer exactement ces superpositions, ou bien de l'absence de caractères aussi tranchés que ceux qu'on a assignés. En établissant de solides jalons çà et là, des recherches ultérieures rallieront les points de repère, et permettront de donner avec exactitude les caractères généraux et ceux de détail. Quoi qu'il en soit, je vais essayer d'indiquer les principaux traits des terrains crétacés qui sont situés au N.-O. du département de la Vendée et au S.-S.-O. de celui de la Loire-Inférieure, c'est-à-dire dans le pays des anciens Agésinates et Anagnutes.

En Vendée, les dépôts sédimentaires du groupe crétacique reposent généralement, avec une faible inclinaison (de 5° à 15°) sensiblement vers le S.-O., sur le talcschiste ; tandis que dans l'Angoumois, la Saintonge, le haut Poitou, la Touraine, l'Anjou, etc., ils s'appuient sur les terrains oolithiques.

Division du groupe crétacique.

Je divise le GROUPE CRÉTACIQUE en *terrains crétacés supérieurs* et en *terrains crétacés inférieurs ;* les premiers en *terrain coquillier* et en *terrain crayeux ;* les derniers en *terrain glauconieux* et en *terrain ligniteux*, celui-ci comprenant le terrain néocomien et le terrain de l'argile wealdienne, que je regarde comme des dépôts synchroniques, l'un résultant d'une formation marine et l'autre résultant d'une formation d'eau douce. D'après ces divisions, les dépôts crétacés de la Vendée et de la Bretagne correspondent aux terrains crétacés inférieurs, et particulièrement au terrain glauconieux.

Terrain glauconieux de la Vendée et de la Bretagne.

En Vendée, il y a six dépôts importants qui appartiennent au terrain glauconieux sédimentaire ou du grès vert, sans compter différents petits îlots situés au milieu des marais, ainsi qu'une partie de la côte de Saint-Jean de Monts et de Sion, qui probablement dépendent également du terrain dont il s'agit. En effet, lorsqu'on quitte les talcschistes de la curieuse falaise de Sion, on descend aussitôt sur une plage de sable qui s'étend jusqu'au rocher de Boivinet ; mais, si la mer est très-basse, on aperçoit du calcaire qui se perd, d'un côté, sous les eaux, et de l'autre côté, sous la plage de sable surmontée de dunes élevées. Il est donc probable qu'une partie, au moins, de ces roches calcaires va rejoindre, par-dessous la plage, les dunes et les marais, celles qu'on trouve au nord et qui appartiennent au terrain crétacé.

Les six dépôts que je viens d'indiquer sont situés dans la partie N.-O. de la Vendée : le premier à Commequiers, le second au Pélavé, le troisième à la Chaise, le quatrième à l'îlot du Cobe, le cinquième à Luzeronde, et le sixième au N.-O. de Palluau. Ils sont séparés les uns des autres, en général, par la mer ou par des dépôts plus récents ; néanmoins ils paraissent pour la plupart se lier au-dessous de ceux-ci, ou bien au-dessous des eaux. D'autres sont disséminés en petits lambeaux dans la partie méridi-occidentale du département de la Loire-Inférieure, et paraissent se continuer ainsi jusqu'à l'embouchure de la Vilaine, où l'on trouve également des dépôts paléothériques (terrains tertiaires).

Si l'on voulait absolument entrer dans les détails et faire des subdivisions, il serait possible de diviser le terrain glauconieux qui donne lieu à ces divers dépôts, en trois parties pouvant correspondre aux trois étages : le malm ou craie tufeau, le gault ou grès vert, et le shanklinsand ou grès et sables ferrugineux. La première comprendrait : du calcaire coquillier ; du calcaire glauconieux ; de la véritable glauconie ; du macigno coquillier et glauconieux ; du calcaire compacte, cristallin ou lamellaire, parfois oolithique, et passant au

macigno ou bien au grès coquillier ; du calcaire argileux ; du sable vert ; du quarzite; du grès calcarifère ;
du grès plus ou moins ferrugineux ; de l'argile ocreuse
ou sableuse ; des cailloux roulés ; des poudingues ; du
sable ferrugineux, souvent micacé, avec ludus et spongiaires. La deuxième comprendrait : du calcaire argileux ; de la marne plus ou moins schistoïde ; de l'argile
grisâtre ou bleue, parfois micacée, soit avec nodules
de calcaire compacte, soit avec sperkise ; du lignite ;
de l'argile ocreuse ou sableuse ; des sables verdâtres ou
ferrugineux, parfois micacés, avec ludus et spongiaires.
La troisième comprendrait : du grès plus ou moins calcarifère ; du sable verdâtre avec lignite ; de l'argile ; des
grès et des sables ordinairement ferrugineux, un peu
micacés, avec ludus et spongiaires ; des poudingues et
des galets.

Mais ces trois étages ne sont pas également dévelop-
pés, se lient plus ou moins entre eux et semblent s'en-
chevêtrer les uns dans les autres ; de sorte qu'il est ex-
traordinairement difficile, peut-être même réellement
impossible, de trouver les lignes de démarcation, si
toutefois il y en a ; car, selon moi, les trois étages dont
j'ai parlé se composent de couches et d'amas tellement
liés, qu'ils ne sauraient être rationnellement séparés. Je
n'essayerai donc pas de décrire les terrains crétacés de
la Vendée étage par étage, mais bien par localités, en
ayant soin cependant d'indiquer l'ordre de superposition
lorsqu'il est visible.

Je vais décrire, en premier lieu, le dépôt de Commequiers qui paraît être le plus complet ; de cette manière
il servira de terme de comparaison pour les autres. Mais,
au lieu de parler d'abord des sables et des grès qui recouvrent parfois les calcaires, les marnes, etc., je décrirai auparavant les couches calcaires et argilo-cal-

caires; parçe que d'un côté elles sont en apparence plus limitées, et que d'un autre côté les sables avec les grès se trouvent tantôt au-dessus, tantôt au milieu, et tantôt au-dessous de toutes les autres roches.

Dépôt de Commequiers.

Vers la limite occidentale du Bocage vendéen un dépôt calcaire occupe une partie de la commune de Commequiers, canton de Saint-Gilles. Il s'étend, du N. au S., depuis le bourg de Commequiers jusqu'à la rivière de la Vie, et de l'E. à l'O., depuis le hameau des Chaulières jusqu'à celui de Villeneuve, sur la grande route des Sables à Challans : sa superficie peut être estimée à environ 3 kilomètres carrés. Le sol est hérissé de monticules dont les sommets sont consacrés à la culture de la vigne, qui ordinairement ne croît pas plus au N. du département, et même qu'on ne trouve là, probablement, que par rapport à la nature calcaire et sablonneuse du terrain ; car elle ne vient pas dans l'intérieur du Bocage situé au S., si ce n'est du côté de Pouzauges, quoique des historiens affirment qu'on la cultivait autrefois dans des endroits où elle n'existe plus.

Au-dessous de la terre végétale, ou d'un faible dépôt d'atterrissement et de transport, ou bien au-dessous de faluns et de sables paléothériques (tertiaires), ou enfin au-dessous de sables ferrugineux dont je parlerai bientôt, et même souvent à découvert, on voit (*Pl.* IX, *fig.* 1) entre les Chaulières et le moulin de la Barre, situé au S. de Commequiers, un calcaire cristallin passant au calcaire grenu. C'est une espèce de falun caverneux, très-tenace, composé de coquilles, parmi lesquelles on distingue des gryphées colombes de diverses grosseurs, des térébratules, des turbos ou pleurotomaires, des podopsides, des peignes et des plagiostomes. Ce calcaire surtout est exploité pour faire de la chaux à la métairie des Chaulières. Ailleurs on trouve un calcaire glauconieux, ou une véritable glauconie, ainsi qu'un macigno composé de fragments de coquilles, de quarz hyalin et de grains verts. Entre les Chaulières et Villeneuve c'est un calcaire glauconieux passant soit au calcaire tufeau, soit au sable glauconieux, avec gryphées colombes de diverses grandeurs, ayant même quelquefois conservé leurs couleurs, avec pholadomies, terébratules, etc. Ce calcaire glauconieux tufeau paraît être surmonté de sables dont je vais bientôt parler. A ces diverses roches succède ordinairement un calcaire, qu'on revoit sur la côte lorsque la mer est excessivement basse ; ce calcaire est parfois compacte, tantôt pur, tantôt mélangé d'autres matières minérales, plus ou moins cristallin, plus ou moins lamellaire, et varie aussi dans sa couleur. Au reste toutes ces roches passent les unes aux autres, et peut-être même à un grès calcarifère, qui contient des nummulites. Elles offrent des couches peu puissantes, et renferment différents fossiles, entre autres des peignes, des huîtres, des térébratules, des pholadomyes, des trigonies, des serpules peu déterminables, ainsi qu'une quantité prodigieuse de gryphæa columba, Lam. : on en rencontre de toutes les grandeurs à la surface du sol dans les vignes et les champs situés au S.-S.-O. de Commequiers.

Au-dessous des couches que je viens d'énumérer on voit, au S. de Commequiers, tantôt un calcaire argileux blanc avec gryphées colombes, tantôt une marne schistoïde dans laquelle domine le calcaire. Cette marne est blanchâtre, parfois légèrement rougie par la limonite ; elle est associée à de l'argile grisâtre ou noirâtre, qui renferme, comme à l'île d'Aix, de la sperkise cristal-

lisée, ainsi que du lignite schistoïde et noirâtre. On devrait utiliser cette marne pour amender les sables et les
terres, notamment celles qui sont un peu fortes et humi-
des, comme on en cultive dans le marais voisin ; on devrait
également essayer de faire de la chaux avec le calcaire
blanchâtre. Dans tous les cas, les habitants du Bocage
et même ceux des environs pourraient tenter des échan-
ges, en apportant des roches schisteuses ou granitiques,
et en emportant des sables, du calcaire, de la marne, etc.,
pour améliorer leurs terres. Il serait aussi utile de faire
quelques fouilles dans le but de savoir si la marne ou
l'argile renferme du gypse, matière première dont le
prix est assez élevé en Vendée.

Il y a quelques années, des gens de la localité avaient
pris le lignite pour de la houille : aussi avaient-ils
creusé un petit puits, et avaient-ils eu le projet d'exploiter ce combustible ; mais, après avoir reconnu que
ce n'était pas de la véritable houille, ils ont abandonné
leur projet ; ce qui serait fâcheux, si ce lignite existe
en quantité suffisante, car il pourrait être exploité d'a-
bord comme combustible, ensuite pour obtenir du noir
propre à l'agriculture, de l'huile et même du gaz au
moyen d'une distillation convenable [1].

Au-dessus, au milieu et au-dessous de toutes les couches dont j'ai parlé, on trouve un ensemble de couches,
de bancs ou de lits de sables, de grès et d'argiles. Je ne
suis pas certain de la position géologique la plus
ordinaire des sables, des grès, des argiles, des ocres,
etc., des environs de Commequiers ; car il y en a
même qui recouvrent les faluns paléothériques, et qui

---

[1] *Voyez* ma *Note sur la distillation des schistes bitumineux*, bro-
chure in-8° avec atlas. Paris, 1839.

sont de l'époque tertiaire pliocène, c'est-à-dire la plus récente. Dans la description que j'en présenterai, j'excepterai le plus possible ceux qui sont postérieurs à la formation crétacée, et je renverrai pour leur description à celle des groupes supérieurs.

D'après les considérations précédentes, je vais donner une description sommaire de ce dépôt de sables, de grès, etc. de Commequiers ; cette description deviendra, du reste, plus complète, lorsque j'aurai fait connaître les grès et les sables du terrain glauconieux de l'île de Noirmoutier. Mais auparavant, je le répète, il est très-difficile de déterminer exactement les niveaux relatifs des différents dépôts crétacés ; car le pays étant assez plat ou légèrement ondulé, il n'y a sur le continent aucune déchirure, aucune coupe naturelle qui permette de voir non-seulement les superpositions de la série complète des dépôts crétacés de la contrée, mais encore celles des principaux membres du terrain glauconieux. Enfin, comme les grès, les argiles et les sables sont souvent confondus dans la localité dont il s'agit, je décrirai en même temps les uns et les autres.

Un des faits les plus remarquables de la topographie de la Vendée est la bande de sables et de grès qui termine le Bocage à l'ouest, et qui entoure presque entièrement le marais occidental du côté de la terre. Cette espèce de plage sablonneuse et ondulée semble venir du fond de la mer, et passer au-dessous des dunes et des marais des environs de Saint-Jean de Monts, de Saint-Hilaire de Riez, pour se montrer à Riez, d'où elle se dirige vers Commequiers, à l'O. et au N. d'Apremont, à l'O. de Saint-Paul, au S. de Saint-Christophe, au N. de Challans et vers Beauvoir, où elle disparaît sous les marais, les terrains paléothériques et la mer, pour se montrer encore au N.-N.-E. et au N.-O. de l'île de Noirmoutier, et disparaître enfin sous l'Océan. Ainsi elle aurait visiblement au moins 30 kilomètres de longueur sur une largeur moyenne de 2 à 3 kilomètres. Toute cette étendue de sables et de grès n'est pas stérile comme la plage et les dunes voisines ; elle est, au contraire, bien cultivée et assez productive sur différents points.

Il serait impossible de tracer rigoureusement ici les limites relatives des sables, des grès, etc., qui appartiennent les uns aux terrains crétacés et les autres aux terrains paléothériques ou supérieurs ; j'ai tâché de le faire sur ma carte géologique de la Vendée ; j'y renverrai donc le lecteur. Pour le moment, je me contenterai de dire que les sables paléothériques recouvrent souvent les autres roches du même groupe de terrains, telles que les mollasses, les faluns, etc. ; qu'ils s'étendent aussi sur des hauteurs assez considérables ; qu'ils renferment parfois beaucoup de cailloux roulés, ordinairement blancs ; et qu'ils ne renferment, au contraire, point, ou que très-rarement, de spongiaires. Voyez, au reste, pour des détails, la description des terrains des groupes paléothériques et supérieurs.

En allant d'Apremont à Commequiers, on voit (*Pl.* IX, *fig.* 2), au N.-O. de la rivière de la Vie, un grès tantôt ferrugineux, tantôt pur et passant au quarz grenu (quarzite) ; il s'appuie en stratification discordante sur un talcschiste amygdaloïde, bleu-verdâtre, jaunâtre ou vert, dont les couches se dirigent du N.-O. au S.-E. et plongent au N.-E. avec une assez forte inclinaison. La Vie, avant d'arriver dans les marais, coule entre deux coteaux élevés et déchirés ; ils sont formés de talcschiste très-tourmenté et passant au micaschiste. Or, si l'on remonte, en suivant la grande route, le coteau situé sur la rive droite de la Vie et au N. du pont construit sur cette rivière, on trouve (*Pl.* IX, *fig.* 1), du côté du versant septentrional, après le talcschiste, recouvert parfois de sable : soit de la glauconie, soit de la marne blanchâtre avec une grande quantité de petites gryphées colombes, d'huîtres, etc., le tout surmonté de sable avec ludus et spongiaires. On remarque ensuite, au lieu nommé Bercassis, un grès très-fin, calcarifère, presque compacte, gris-blanchâtre, et présentant des traces de nummulites et peut-être aussi des nucléolites. Mais lorsqu'on marche vers le N., on voit indistinctement, ou confondus ensemble, des sables et des grès ; cependant les grès sont généralement recouverts d'une couche plus ou moins épaisse de sable, qui résulte peut-être de l'altération et de la désagrégation des grès.

Quoi qu'il en soit des véritables superpositions ou du mélange confus, à l'O. de Commequiers les sables et les grès prennent un grand développement ; ils sont quelquefois très-ocreux, et d'une couleur rouge très-prononcée et même éclatante. Le sable varie peu, quant à sa composition et à ses autres caractères ; ordinairement il est jaunâtre ou rougeâtre, très-quarzeux, un peu micacé, plus ou moins ferrugineux, et parfois mêlé de petits galets de quarz blanc, semblable à celui que renferment les talcschistes sur lesquels ce sable repose. Parmi les variétés de grès, je citerai : un grès fin, jaune-brunâtre ; un grès fin et poudingiforme, rubané, jaune-blanchâtre ou brunâtre ; un grès fin, gris-jaunâtre et passant au quarzite ; enfin un grès grossier blanc, avec ciment d'un blanc mat (arkose ou métaxite?). Tous ces accidents, et plusieurs autres dont il sera question par la suite, proviennent de diverses particularités qui se sont manifestées pendant la formation du dépôt sableux ou grésiforme, et d'infiltrations qui ont eu lieu postérieurement; d'ailleurs, ils n'ont aucune importance lorsqu'il s'agit d'étudier les caractères et les phénomènes géologiques relatifs à l'ensemble. Les sables et même les grès sont séparés en couches par des bandes de 5 à 10 centimètres de puissance, formées de fragments de grès passant au silex, au jaspe ou à la calcédoine, et qui figurent ordinairement des restes organiques. Parmi ces fragments fossiliformes ou ludus, les uns sont en grès ferrugineux parfois jaspoïde, brun-jaunâtre, et représentent soit de petites stalactites cylindriques, soit de petites branches de madrépores; les autres sont formés de grès ferrugineux passant au silex, sensiblement micacé, bigarré de diverses couleurs plus ou moins brunâtres, jaunâtres et blanchâtres, et représentent soit des concrétions, soit de véritables ossements de grands animaux. Ils sont fréquemment calcarifères, et grisâtres à la surface comme s'ils avaient été chauffés : l'action de l'air et de l'eau combinés est seule la cause de cet accident. Dans tous les cas, ces fragments ont une couleur qui les tranche du reste. Ils sont, pour ainsi dire, disposés en bancs semblables à ceux du silex dans la craie, et montrent souvent un tissu analogue à celui des os, avec une matière médiane très-distincte et analogue à la moelle des os. Il est facile de faire, dans un instant, une collection qui offre la plupart des os de la partie centrale et des membres d'un animal vertébré. Selon toute apparence, ces fragments de grès jouent ici le rôle des silex dans la craie, et sont dus parfois à des concrétions, à de véritables ludus, mais le plus ordinairement à des spongiaires, à des millepores, etc. Ce qui viendrait à l'appui de cette opinion qui les attribue, pour la plupart, à des spongiaires, c'est qu'ils ne présentent point de ramifications arbitraires ni de courbes fermées : ils n'affectent pas indistinctement toutes sortes de formes bizarres ; ils offrent, au contraire, une certaine symétrie et une certaine constance de formes ; d'ailleurs ils ressemblent aux spongiaires des terrains crétacés de l'Angleterre. Quelle que soit leur origine, je dois dire qu'il y en a des quantités immenses sur certains points et qu'il serait utile de les décrire.

Au S.-O. de Commequiers, à Pierrefolle, on trouve au milieu d'un bois taillis une espèce d'allée couverte, ou suite de dolmens [1]. Elle est formée de grès blanchâtres à grains variables (quarzites), comme tous les menhirs qui sont disséminés dans les environs, par exemple : les deux menhirs situés l'un près de l'autre au S.-O. de Commequiers, celui qu'on voit au N.-O. du même bourg, le menhir qui a été élevé entre Soullans et la Vérie, et celui de l'O. du dernier hameau ; enfin, comme la plupart de ceux de l'île de Noirmoutier et des côtes de la Loire-Inférieure. Ces faits démontrent clairement que les Gaulois formaient leurs monuments avec les meilleures pierres qu'ils trouvaient sous leurs mains, qu'ils savaient les chercher mieux que les habitants actuels de la Vendée, très-bien les exploiter, et qu'ils choisissaient en outre celles qui présentaient la plus belle couleur, puisque, pour les grès, ils prenaient les plus blancs.

---

[1] Cette allée couverte est actuellement composée de 14 pierres, mais plusieurs ont été jetées à terre, ou bien emportées pour être employées à l'entretien des routes et à quelque construction, faute d'autres pierres, disait-on. Telle est parfois l'ignorance des ingénieurs des ponts et chaussées, quand il faut ouvrir des carrières dans des lieux où la roche vive n'affleure pas ; tel est le respect qu'on a en Vendée pour les antiquités : aussi combien de monuments ont disparu, même pendant notre époque !

Au N.-O. de l'Antérie on voit encore le talcschiste, la sanguine, etc. recouverts par le grès et les sables (mêlés de poudingues quarzeux plus modernes), dont une partie appartient aux terrains crétacés, jusqu'à la Cantinière, où les talcschistes se montrent à nu pour disparaître un peu plus à l'O. sous les sables, affleurer de nouveau à l'E. de Challans, et pour faire bientôt place aux sables et aux grès, comme l'indique la carte géologique. Ces différentes roches sont parfois recouvertes d'un dépôt variable en puissance, et formé de sables et de cailloux pliocènes, de diluvium et d'alluvions combinés. Or, les sables supérieurs aux terrains crétacés sont moins rouges, souvent noirâtres, très-caillouteux, et plus ou moins mêlés de poudingues.

Lorsqu'on suit la route de Challans à la Garnache, on voit toujours les sables rouge-jaunâtre, mêlés de grès ferrugineux, et renfermant beaucoup de ludus et de spongiaires en grès. Au sommet de la montée, on peut observer facilement la superposition des sables sur le talcschiste passant au micaschiste; mais il est impossible, dans cet endroit, d'apprécier avec rigueur la discordance des stratifications, parce que le talcschiste est excessivement tourmenté, ainsi que je le dirai en parlant des terrains anciens. On trouve dans le sable, et surtout dans la partie supérieure qui n'appartient pas aux terrains crétacés, beaucoup de galets de quarz blanc, quelques cailloux roulés de quarz jaunâtre ou hématoïde, et des poudingues quarzo-argileux, noirâtres. D'ailleurs le dépôt de sables crétacés, principalement vers ses limites N. et S., a été modifié par le voisinage ou bien la superposition de matériaux apportés par la mer paléothérique (tertiaire), par les alluvions et le diluvium. Aux approches du marais, notamment, il devient très-difficile de tracer la ligne de démarcation du dépôt sableux, qui appartient aux terrains crétacés, et du dépôt sableux qui appartient aux terrains modernes. Enfin, les sables et les grès crétacés sont quelquefois cachés par un dépôt peu puissant de tourbe de bruyères ou d'un terreau végétal qui se forment journellement, ainsi qu'on peut l'observer à l'O. de Commequiers.

Si l'on va de Commequiers à Soullans (*Pl.* IX, *fig.* 2 et 3), on marche tantôt sur le dépôt tourbeux, tantôt sur le sable, et tantôt sur le grès qui devient très-ferrugineux vers ce dernier bourg. On trouve également une très-grande quantité de grès stalactiforme et fossiliforme. De Soullans, les dépôts de grès et de sables se dirigent du côté de la Vérie, de Challans, Sallairtaine, Saint-Gervais et Beauvoir. Ces roches sont faciles à reconnaître, quoique le grès soit parfois si friable qu'il se transforme en sable, comme on peut le remarquer dans diverses propriétés où l'on a fait des excavations.

De Challans à Beauvoir (*Pl.* IX, *fig.* 2), on observe du sable jaunâtre avec plus ou moins de galets de quarz blanc, provenant des amygdales du talcschiste ou bien de ses filons. A côté, dans la direction du S., et même au-dessous de ces sables, on voit un grès brunâtre, puis de l'argile ocreuse qui se trouve plus ou moins subordonnée au grès, mais qui est toujours au-dessous du sable visible. Avant d'arriver à Beauvoir, on peut encore observer la superposition des sables sur le talcschiste : en effet, vers le N.-E. de ce bourg, le grès et le sable viennent s'appuyer en stratification discordante sur le talcschiste amygdaloïde et gris bleu ; car les bancs de grès et de sable plongent sensiblement vers le S.-O. sous un angle de 5°, tandis que les couches du talcschiste se dirigent à peu près de l'E. à l'O. et inclinent légèrement au N. Enfin le terrain crétacé se perd à l'O. sous les marais ; mais il reparaît dans l'île de Noirmoutier , sur la côte auprès de Bourgneuf (Loire-Inférieure), à Touvois et ailleurs.

Vers la limite du marais , dans la commune de Challans , et au S.-O. de cette petite ville , on voit un dépôt de calcaire dont la superficie apparente est peu considérable ; mais il se lie vraisemblablement , par-dessous la couche de terre glaise et limoneuse des alluvions , au calcaire crétacé de la Villate , près Sallairtaine , et occupe probablement une assez grande étendue sous les marais , les dunes , la plage de sable , et même sous l'Océan jusqu'à une certaine distance (*Pl.* IX , *fig.* 3 et 4). Quoi qu'il en soit , à la Vérie , le terrain glauconieux est assez bien caractérisé par le calcaire compacte et argileux , qui est en contact avec un dépôt d'ocre jaune et rouge. Ces roches paraissent reposer sur des fragments de limonite argileuse , jaspoïde , brunâtre , jaunâtre , et de grès jaspoïdes ou passant au jaspe, au silex , ainsi que sur des couches de grès et de sable ; enfin l'ensemble de ces dépôts est recouvert fréquemment par de la tourbe de bruyères , des alluvions sablo-argileuses , et une lande stérile.

L'ocre de la Vérie présente diverses nuances de jaune, de rouge et de noirâtre. Autrefois, M. Robert de Lézardière , propriétaire du terrain , en avait fait préparer une grande quantité qui devait être employée dans le port de Brest. Sa famille prétend qu'une intrigue des fournisseurs habituels fit échouer sa spéculation ; toujours est-il que la minière resta longtemps abandonnée. Depuis, une nouvelle tentative n'a pas obtenu plus de succès ; j'en ignore la vraie cause. Au reste, quoique ces ocres paraissent très-argileuses, d'autres fois très-grossières, et qu'elles contiennent trop de matières siliceuses, certaines variétés, notamment l'ocre rouge-brun, sont d'une grande beauté et mériteraient, ce me semble, que des industriels habiles tentassent une nouvelle exploitation.

Au N. de la Vérie et près du Paty, on voit des carrières de calcaire blanc-jaunâtre, dur, cristallin, laminaire, parfois oolithique, sans coquilles, ou du moins ne montrant que rarement des moules de térébratules et de gryphées qui ressemblent à la gryphæa columba. Ce calcaire passe quelquefois au macigno; il est surmonté de lits de sable, en sorte qu'ici le sable appartiendrait à la partie du terrain glauconieux qui est supérieure au calcaire, ou peut-être aux terrains paléothériques. Ces carrières de calcaire fournissent de la pierre à chaux qu'on fait cuire dans des fours à la houille provenant des bords de la Loire.

En décrivant les terrains du groupe paléothérique, j'ai déjà indiqué la présence du calcaire crétacé aux environs de Sallairtaine. Or, ce calcaire, qui est ordinairement compacte ou laminaire, blanchâtre ou jaunâtre, entoure, du S.-E. au N.-O., le grès et la mollasse éocènes (*Pl.* IX, *fig.* 3 et 4) sur lesquels le bourg est bâti; il se perd dans le sens du S.-O. sous ces dernières roches; tandis que dans le sens du N.-E. il est circonscrit par les grès et les sables crétacés, paléothériques, etc.; enfin il doit se rattacher vers sa limite du côté de la Villate, par-dessous le marais, aux calcaires du S.-O. de Challans, et se rapporter par conséquent à l'étage du gault. Ce calcaire renferme souvent des boules d'un calcaire ferrifère, bacillaire, radié et très-pesant. On s'en sert pour macadamiser les chemins vicinaux des environs de Sallairtaine, mais il produit un assez mauvais macadam, surtout dans les parties argileuses des chemins.

Les différents dépôts de Commequiers, de Challans, de la Vérie, de Sallairtaine, etc., qui appartiennent au terrain glauconieux, et que je viens de décrire, sont formés de couches, de bancs, de lits ou d'amas de diverses natures et dont les allures sont très-difficiles à déterminer; néanmoins j'ai pu reconnaître que leur inclinaison était assez faible et qu'elle avait lieu sensiblement vers le S.-O. Mais, si l'on éprouve, sur le continent, beaucoup de difficulté pour apprécier rigoureusement les allures du terrain glauconieux, on verra bientôt qu'elles deviennent évidentes dans l'île de Noirmoutier.

Dépôt de Touvois et de Palluau.

On remarque à Touvois (Loire-Inférieure) et aux environs de ce bourg une argile sableuse, mélangée de cailloux roulés, des poudingues, des grès et sables blancs, jaunes, rouges, verts ou bleus, des faluns, de la glauconie, du calcaire coquillier, de l'argile bleue ou ocreuse, des calcaires blanchâtres, jaunâtres ou rougeâtres, qu'on exploite depuis quelques années pour faire de la chaux, à cause de son prix élevé dans le pays et de l'abondance du bois. On y voit en outre les fossiles, presque les mêmes roches et les superpositions qu'on observe à Commequiers; en sorte que la comparaison de ces deux localités peut être prise pour type du terrain glauconieux de la Vendée et de la Bretagne.

Voici la coupe que je dois à l'obligeance de M. Bertrand-Geslin (*Pl.* IX, *fig.* 5). On a, en allant de haut en bas, d'abord les terrains paléothériques, composés : 1° de bancs de quarzite gris-blanc ou ferrugineux; 2° de sable jaune et rouge avec cailloux roulés, de 5^m à 6^m de puissance; ensuite le gault, composé : 1° de sable vert, de 60^c à 1^m de puissance; 2° d'un

banc calcaire très-coquillier, avec beaucoup de gryphées colombes, de 1^m à 2^m de puissance ; 3° d'argile
bleue et micacée, avec débris de gryphées colombes, de
60^c à 1^m,25 de puissance ; 4° d'argile bleue avec morceaux de lignite, pyrites et nodules roulés de calcaire
compacte, bleu et provenant du terrain jurassique, de
1^m,90 à 2^m,25 de puissance ; 5° de sable bleu-verdâtre,
fin, avec morceaux de lignite, de 4^m,80 à 5^m,85 de
puissance ; enfin de terrain ancien, formé de talcschiste
gris-blanchâtre avec nodules de quarz blanc. Cette
coupe a été prise dans l'endroit où sont établis les
fours à chaux.

Or, le dépôt calcaire qui existe au N.-O. de Palluau
pourrait bien se lier à celui de Touvois ; car au milieu
d'une prairie située dans un vallon étroit de cette commune, à deux mètres de profondeur, on rencontre un
calcaire coquillier, de l'argile ou marne très-compacte,
du calcaire crayeux blanc, et un calcaire terreux jaunâtre ; avec d'autant plus de raison que ce dépôt
se trouve entre deux collines schisteuses, tout à fait
sur le prolongement et suivant la direction des couches
du dépôt de Touvois, ainsi qu'à une très-petite distance
de ce dernier bourg. Les habitants du bocage voisin
devraient donc profiter désormais d'un gisement aussi
utile pour eux.

Dépôts de l'île de Noirmoutier et de l'îlot du Cobe.

Actuellement, je vais donner une idée des dépôts
crétacés de l'île de Noirmoutier et de l'îlot du Cobe, lesquels ont été parfaitement décrits par M. Bertrand-Geslin[1] : aussi emprunterai-je beaucoup de détails à ce savant.

---

1 *Notice géologique sur l'île de Noirmoutier*, par M. Bertrand-Geslin,
page 317 du t. 1er des *Mémoires de la Société géologique de France*.

Le dépôt du Cobe se réunit à celui de la Chaise par-dessous la mer, et ce dernier à celui du Pelavé par-dessous les terrains remaniés ou de transport ; ils ne forment donc tous les trois qu'un seul dépôt, qui lui-même se rattache probablement à ceux du continent situés, d'une part dans les environs de Bourgneuf et de Touvois (Loire-Inférieure), d'autre part à l'E. de Beauvoir ; tandis qu'en passant au large, il se lierait à celui de l'île d'Aix, etc., sauf certaines lacunes (voyez les diverses coupes de la *Pl.* IX).

Dépôt de la Chaise.

Le dépôt de grès, de sable et de marne de l'île de Noirmoutier plonge sensiblement vers le S.-O. et repose en stratification discordante sur un talcschiste verdâtre, bleuâtre, grisâtre ou argentin, sur un micaschiste noirâtre et un hyalomicte plus ou moins talqueux (de l'anse de la Claire), dont la direction moyenne a lieu du S.-E. au N.-O. et l'inclinaison vers le N.-E., sous un angle variable de 5° à 15° au plus. Il forme dans la partie N.-E. de l'île des falaises élevées, qui s'étendent depuis la pointe du corps de garde de la Lande jusqu'à celle du fort Saint-Pierre, et qui se terminent entre cette dernière pointe et la ville de Noirmoutier par la butte du Pelavé (*Pl.* IX, *fig.* 6). Ces falaises, couronnées de bois de chênes verts et de pins maritimes, ont un aspect très-pittoresque ; d'ailleurs, étant continuellement battues par la mer montante, elles présentent de beaux éboulements et des escarpements taillés à pic, qui permettent d'étudier facilement ce terrain du groupe crétacique (Voyez les *Pl.* X, XI, XII, XIII). En conséquence je vais d'abord décrire en détail la coupe que montre la falaise de la pointe du corps de garde au bois de la Lande.

Au-dessous d'une mince couche de terre végétale, dans laquelle croissent des bruyères et des pins maritimes qui forment le bois de la Lande (V. *Pl.* XII), on voit un dépôt remanié très-maigre et dont la puissance varie depuis 75 centim. jusqu'à 2 mètres. Ce dépôt repose sur un grès-quarzite crétacé de 4 à 5 mètres de puissance. Ce grès blanchâtre, grisâtre ou ferrugineux, divisé en couches de 30 centim. à 1 mètre d'épaisseur, et qui plongent sous un angle de 5° à 15° vers le S.-O., présente de grandes variétés dans sa texture, et ne semble point partager le mode de formation du dépôt sableux sur lequel il gît. En effet, les grains de quarz hyalin blanc, jaunâtre ou gris qui constituent cette roche, paraissent plutôt anguleux qu'arrondis ; leur grosseur varie entre celle d'une tête d'épingle et celle du poing : aussi cette roche offre-t-elle plusieurs variétés, depuis le quarz grenu, le grès fin, friable et parfois cristallisé en très-petits cristaux, ou le grès compacte à grains très-fins et très-serrés (quarzite), jusqu'au grès très-grenu et même poudingiforme ou bréchiforme (poudingue et brèche). Tantôt ces grès n'offrent aucun ciment, tantôt les grains de quarz sont réunis par un ciment blanchâtre peu abondant, qui pourrait bien être de l'orthose à l'état pulvérulent ou du kaolin. Néanmoins il semble, contrairement à ce qui est réellement arrivé, que dans l'un et l'autre cas la cohésion des grains de quarz entre eux est généralement due à une cristallisation confuse plutôt qu'à une agrégation mécanique. La couche la plus inférieure de ces grès montre une roche à gros éléments et grains de quarz. Dans le prolongement de cette couche, à l'entrée de l'anse des Souzeaux, M. Bertrand-Geslin a remarqué un grand fragment anguleux de calcaire sableux, jaunâtre, micacé, fortement lié et empâté dans les fragments quarzeux ; mais on n'y voit aucuns débris de fossiles : j'ai moi-même observé plusieurs fois ce fait.

Les grès dont je viens de parler reposent sur du sable ferrugineux, jaune, quarzeux, sensiblement micacé, acquérant de 8 à 10 mètres de puissance, disposé en couches plus ou moins épaisses et ondulées. Ce sable ressemble beaucoup à ceux qui, à l'île d'Aix, contiennent des caprines siliceuses et des ludus ; du reste, c'est le même que celui qui a été décrit plus haut, sur le continent, dans les environs de Commequiers, Challans, Beauvoir, etc. Les couches inférieures de ce sable sont à grains fins et alternent avec des couches marneuses. Dans les bancs moyens très-ferrugineux, on trouve de petites gryphées colombes dont le test est couvert d'orbicules siliceux, des fragments de rétépores, des baguettes d'oursins (suivant M. de Lapylaie), des spongia ramosa, Mant., ainsi qu'un petit ludus siliceux. Les bancs supérieurs sont formés d'éléments plus gros que les inférieurs, avec fragments anguleux disséminés dans la masse sableuse, et renferment de petits lits de galets de quarz. On observe, enfin, à la partie supérieure de ces sables ferrugineux un lit de cailloux roulés de quarz.

Le côté N.-O. de la pointe du corps de garde du bois de la Lande fait partie de l'anse de la Claire, et forme la continuation des sables ferrugineux. Ceux-ci viennent en s'amincissant se terminer à 80 pas dans l'anse de la Claire ; sur cette longueur, ils ne sont plus recouverts que par une ou deux couches de grès compacte de 30 centimètres à 1 mètre d'épaisseur. Les couches minces de ce grès ont été brisées en fragments anguleux, puis surmontées par un dépôt remanié plus moderne, composé de sable jaune et noir, qui est mêlé de cailloux de quarz blanc et de fragments anguleux de grès, semblable à celui qui existe en place inférieurement

Si l'on quitte la pointe du corps de garde de la Lande pour se diriger vers celle du fort Saint-Pierre, en suivant la plage, on rencontre d'abord l'anse des Souzeaux, qui, malgré sa grandeur, ne présente rien d'intéressant, étant couverte de végétation dans tout son pourtour : mais le sable ferrugineux de la pointe du corps de garde vient s'y cacher sous la végétation.

A la pointe de la batterie du Tambourin, le grès blanc compacte (quarzite) donne lieu à une couche très-puissante, dont la tranche est presque horizontale. Le pied de cette pointe montre une quantité considérable de blocs énormes de grès , entassés les uns sur les autres et résultant de la chute des couches supérieures , minées par l'action continuelle des flots (la planche XI en donne un exemple). Un tel amas de blocs empêche d'apercevoir, dans cette butte, le sable ferrugineux qui doit supporter le grès.

Lorsqu'on a tourné la pointe du Tambourin, on trouve l'anse Rouge, qui doit probablement son nom aux sables ferrugineux qu'on aperçoit dans tout son pourtour. Ces sables présentent des orbicules siliceux, le Spongia ramosa , Mant., et autres , des fragments de gryphées colombes et des nummulites passées aussi à l'état siliceux. Ils acquièrent 4 à 5 mètres de puissance au-dessus des hautes marées , et sont recouverts aux deux extrémités de l'anse par des couches du grès de la pointe du Tambourin et de la butte du bois de la Chaise.

Étant parvenu à l'extrémité de l'anse Rouge , si l'on gravit par le sentier qui, du bord de la mer, conduit à la batterie du Tambourin, on voit, vers la partie supérieure des sables ferrugineux , une couche horizontale de 20 à 30 centimètres d'épaisseur et de 6 à 7 mètres de longueur, formée de sable jaune et noir, qui contient des cailloux roulés de quarz blanc, de silex blond et noirâtre (comme vers la presqu'île de Bouin), de granite, de micaschiste, de pegmatite, de grès noir et des morceaux anguleux de grès compacte. Ce terrain de transport paraît encore, avec plus de puissance et sur une plus grande étendue, vers le fond de l'anse Rouge, du côté du bois de la Chaise. Il acquiert une puissance de 30 centimètres à 1 mètre 50 centimètres, et ne s'est déposé qu'au-dessus des sables ferrugineux dans tout le pourtour de l'anse Rouge, car on ne le rencontre point sur les grès qui couronnent les buttes du Tambourin et du bois de la Chaise (voyez, pour plus de détails, les groupes historique, erratique et paléothérique).

Après l'anse Rouge commencent les grands escarpements de la butte allongée du bois de la Chaise (V. *Pl.* XI), la plus élevée de toute cette côte (elle a au moins 20 mètres au-dessus du niveau de l'Océan); vient ensuite la butte Saint-Pierre (V. *Pl.* XIII), qui termine les falaises orientales. Le dépôt de grès a acquis une puissance de 15 à 18 mètres dans la partie N.-O. de cette falaise, tandis qu'à l'extrémité S.-E. il est bien moins développé. Ici cette roche montre des degrés d'homogénéité, de densité et de texture très-différents; outre cela, le grès ferrugineux, qui ne varie point, s'élève un peu moins haut que dans les autres localités, et présente un passage évident au grès ordinaire et au quarzite. On peut observer facilement ce fait : 1° entre l'anse Rouge et la Grotte des Dames; 2° en ce dernier lieu. Dans le premier endroit on voit la couche la plus inférieure du grès ordinaire acquérir plusieurs pieds de puissance. C'est un grès blanc à grains très-fins, homogènes et paraissant unis par voie de cristallisation confuse; il présente des cavités irrégulières, ondulées, mamelonnées, et remplies de sable blanc qui passe au grès ferrugineux inférieur. A la Grotte des Dames

(*Pl.* X), qui se trouve plus élevée que la localité précédente, le grès en contact avec le sable ferrugineux est très-grenu ; il se désagrége facilement, passe du gris au rougeâtre et au verdâtre, contient des amas de sable et alterne avec des couches de sable ferrugineux. Le grès des couches moyennes est gris-blanc, compacte, lustré et à grains très-fins ; tandis que celui des couches supérieures est à grains plus gros, malgré sa texture compacte. Ces dernières couches acquièrent 3, 4, 5 et même 6 mètres d'épaisseur ; leur tranche paraît horizontale et leur plan incline de quelques degrés vers le S.-O.

Aux extrémités de cette longue falaise du bois de la Chaise, les couches inclinent assez fortement d'un côté vers l'anse Rouge, et de l'autre vers l'anse du bois de la Chaise. Or, cette anomalie, relative à l'inclinaison, n'est qu'un accident produit par le creusement des deux anses. Le pied de la falaise montre des masses énormes de grès qui, entassées les unes sur les autres, donnent lieu à des accidents très-pittoresques (V. *Pl.* XI et XIII). Enfin on y trouve, mais rarement, une variété de grès compacte, gris, avec mica blanc, qui, minéralogiquement, est une espèce de hyalomicte grenu.

L'anse du bois de la Chaise ne présente que des dunes. Mais à la petite pointe du fort Saint-Pierre, élevée seulement de 6 à 8 mètres au-dessus du niveau de la mer, on retrouve le sable ferrugineux avec gryphées colombes et baguettes d'oursins passées à l'état siliceux ; au reste, il n'a pas plus de 2 à 3 mètres de puissance. La première couche de grès blanc à petits grains, qui recouvre le sable ferrugineux, renferme à sa base des tiges de végétaux passés aussi à l'état siliceux ; quelques-

unes, de la grosseur du poignet, sont creuses à l'intérieur et coupées par des cloisons transversales, minces,
et à distances égales.

Enfin, la série des buttes qui s'étendent depuis la
pointe du bois de la Lande jusqu'à celle du fort Saint-
Pierre offre, du côté N.-E., des pointes élevées,
séparées par de larges et courts vallons, des escarpements et déchirements assez considérables ; au lieu que
du côté S.-O., elle a une disposition plus régulière,
moins tourmentée et produite par l'inclinaison générale
des couches vers l'intérieur de l'île. En effet, ce flanc
S.-O., qui vient s'abattre dans la plaine de Noirmoutier
par une pente douce de 475 mètres environ de longueur,
ne présente qu'une surface unie, continue et à peine
entrecoupée par quelques ondulations.

Dépôt du Pélavé.

On aperçoit entre le bois de la Chaise et la ville de
Noirmoutier (*Pl.* IX, *fig.* 2, 3 et 6) une butte nommée
le Pélavé. Cette butte, couverte de pins et de chênes
verts, est aussi élevée que celle du bois de la Chaise ;
elle est formée de grès compacte ou sableux, semblable
à celui des buttes du bois de la Lande, du bois de la
Chaise et du fort Saint-Pierre. Dans les couches supérieures du Pélavé, qui sont composées de grès plus ou
moins blanc, jaune, ferrugineux et divisé en strates
minces, on trouve beaucoup d'empreintes végétales,
mais à peu près indéterminables : M. Boué les avait
déjà signalées en 1825 [1]. Au sommet du Pélavé, les
couches de grès sont presque horizontales ; tandis que

---

[1] Mémoire géologique sur le S.-O de la France, *Annales des
Sciences naturelles*, t. IV, p. 158, année 1825.

dans la partie moyenne elles vont en inclinant fortement de toutes parts vers le pied de la butte, comme des
feuilles d'artichaut. Une pareille disposition empêche
donc d'apercevoir au pied de cette butte le sable ferrugineux qui supporte les grès.

Dépôt de Luzeronde.

Vers la pointe de Luzeronde (*Pl.* IX , *fig.* 7), il existe
un lambeau crétacé ayant une puissance de 7 à 8 mètres.
Ce dépôt est formé de sable bleu-verdâtre ou jaune ,
ferrugineux, peu agrégé, et divisé en bancs de 25 à
30 centimètres d'épaisseur, qui sont inclinés au S. sous
un angle de 75°, et qui s'appuient immédiatement en
stratification parfaitement concordante sur un micaschiste grenatifère et passant au gneiss. Ce lambeau de
sable de la pointe de Luzeronde paraît se rapporter au
sable ferrugineux , malgré son éloignement et son inclinaison différente.

Dépôt de l'îlot du Cobe.

Au N. de la falaise du corps de garde du bois de la
Lande et à 200 et quelques mètres en mer, on aperçoit
(*Pl.* XII) le rocher ou l'îlot du Cobe, témoin de
l'extension qu'avait jadis le terrain glauconieux , et des
destructions que les falaises de l'île de Noirmoutier ont
éprouvées. Ce rocher du Cobe, qui s'élève à 3 mètres
environ au-dessus des plus hautes marées, est formé
de grès semblable à celui de la falaise située vis-à-vis ,
et qui , à une certaine époque, en était la prolongation.
Le sable ferrugineux ayant été emporté par les vagues ,
les couches de grès se sont brisées en s'affaissant les
unes sur les autres. Les couches supérieures sont formées par un grès plus ou moins compacte, gris ou rou-

- geâtre , avec ciment blanc et pulvérulent ; leur surface est tapissée en divers endroits de quarz hyalin confusément cristallisé. Enfin , les couches inférieures , qui reposent sur les talcschistes de l'anse de la Claire , sont composées d'un grès blanc à grains si fins, dans certaines parties , qu'il prend l'aspect du grès de Fontainebleau.

Observations générales.

Les descriptions précédentes , les coupes prises dans l'île de Noirmoutier, et la disposition générale des dépôts crétacés du continent, qui, sortant du fond de la mer pour aller s'appuyer sur les monticules des terrains anciens , forment ainsi un plan incliné sensiblement du N.-E. au S.-O., montrent que la direction moyenne des couches, des bancs et des lits du terrain glauconieux ou du grès vert de la Vendée et de la Bretagne , a lieu du N.-O. au S.-E., ordinairement avec une faible inclinaison vers le S.-O., et que par conséquent la stratification du système crétacé de cette contrée est concordante avec celle du système du grès vert de l'île d'Aix, un peu discordante avec celle du même système de la pointe de Fouras (Charente-Inférieure), etc. Outre cela , on voit que la base du terrain crétacé de la Vendée paraît se rapporter au sable ferrugineux qui. à l'île d'Aix , renferme des caprines adverses , des huîtres , des gryphées , etc., qui supporte la craie verte à sphérulites , et qui semble moins développé que celui de la Vendée.

Les terrains crétacés de la Vendée et de la Bretagne diffèrent notablement, quant à leur composition, de ceux de la Saintonge et des autres pays du S.-O. de la France ; tandis qu'ils ressemblent à ceux de l'Anjou , de la Touraine, du Perche et du Maine. En effet, on trouve dans la Vendée, comme dans ces dernières provinces, notamment du côté de Doué, de Saumur et de Tours, les différentes variétés de tufeau ; on y voit également, comme dans le Perche et le Maine, notamment entre La Flèche et Le Mans, différentes variétés de sables avec ludus et spongiaires, des macignos (*firestone*), et même les grès nommés *roussards* ; seulement le sol vendéen, formé par ces sables et ces grès, est plus fertile que dans le Perche et le Maine : il l'est souvent autant que dans la Touraine. Si, dans la Vendée et la Bretagne, les terrains crétacés n'offrent pas, ou du moins ne présentent que fort peu de silex blonds, on y trouve de l'ocre comme à Pourrain dans la Puysaie, et du lignite comme à l'île d'Aix.

La séparation qui a été signalée entre les terrains crétacés du S.-O. et du N.-O. de la France, est beaucoup moins grande qu'on ne l'a dit ; car le terrain glauconieux de la Vendée et de la Bretagne a probablement rattaché celui de la Saintonge à celui de l'Anjou. Mais la mer crétacée de la Vendée et de la Bretagne, qui était peu profonde dans ces régions, s'est retirée des côtes de la Vendée et de la Bretagne avant le dépôt de la craie blanche et de la craie marneuse, par suite d'un mouvement qui les a portées à un niveau supérieur.

Si j'essaye actuellement de rétablir théoriquement les principales couches du terrain glauconieux de la Vendée et de la Bretagne, d'après leur ordre de superposition, on aura la coupe générale qui est représentée par la figure 8 de la planche IX.

En outre, si je fais la récapitulation des fossiles reconnus jusqu'ici dans le groupe crétacique de la Vendée et de la Bretagne, on aura la liste suivante. Serpula ; Chama recurvata ? Plagiostoma ; Pecten quin-

quecostatus, Sow., et une autre espèce indétermi-
nable ; Gryphæa columba, Lam. (Exogyra columba);
Gryph. plicata, Lam.; Ostrea carinata, Lam., et autres
espèces indéterminables ; Terebratula ovata, Sow.; Tereb. plicatilis ? Sow. ; Tereb. lata, Sow. ; Podopsis trun-
cata, Lam., et autres espèces indéterminables ; Phola-
domya ; Trigonia ; Mytiloides labiatus ? Alex. Brong. ;
Arca clathrata ? Turbo ou Pleurotomaria ; Nummulites ;
Nucleolites ; Orbicula ; Orbitolites ? baguettes d'Oursins ; Madrepora ; Millepora ; Retepora ; Ventriculites
radiatus ? Mant.; Spongus Townsendi ? Mant ; Spongia
ramosa, Mant.; Spongia clavaroides ? Lamour. ; et autres espèces indéterminables ; végétaux indéterminables.

Or, les fossiles qu'on trouve dans les terrains crétacés
de la Vendée et de la Bretagne diffèrent essentielle-
ment de ceux qu'on a reconnus dans la Saintonge, l'Angoumois, etc., contrées qui jadis appartenaient probablement au même bassin crétacé ; tandis qu'ils sont semblables à ceux qu'on voit dans les terrains du N.-O. de la
France et dans ceux de l'Angleterre, pays éloignés des
premiers, et dont les terrains crétacés sont actuellement séparés de ceux de la Vendée et de la Bretagne par
une grande étendue de terrains plus anciens.

Je ne crois pas que les roches d'origine ignée qui sont
sorties du sein de la terre, lors du redressement des couches des terrains du groupe crétacique, se montrent au
jour dans la Vendée. En effet, on ne voit point de roches
plutoniennes intercalées dans les roches neptuniennes
du terrain glauconieux, ou bien ayant traversé, n'im-
porte de quelle manière, celles-ci ; nulle part les dépôts
neptuniens ne sont sensiblement modifiés par le voisinage des dépôts plutoniens ; nulle part aussi ils ne sont
fracturés, disloqués, etc., comme cela a lieu au contact

des roches d'origine ignée. Enfin, le terrain glauconieux de la Vendée étant généralement peu incliné, le centre d'action du soulèvement se trouve à une assez grande distance, et probablement vers les reliefs situés au N.-E., qui suivent sensiblement le parallélisme du système du mont Viso.

Considérations géogéniques.

Les détails précédents nous montrent que les terrains crétacés de la Vendée et de la Bretagne sont marins, et qu'ils ont été formés sur les bords généralement talqueux et accidentés d'une mer qui couvrait une grande partie de la France, ainsi qu'on peut en avoir une idée par l'inspection de la carte géologique de ce royaume, et même avec celle de l'Europe. Les côtes, en partant du N. de la pointe de Fouras, près de Rochefort (Charente-Inférieure), passaient au N.-E. des îles d'Aix et de Ré, se dirigeaient de là vers l'O. de l'île Dieu, puis se détournaient au N. de celle-ci, et venaient par Sion, Rié, Saint-Maixant, Apremont, l'Antérie, Saint-Christophe, les environs de la Garnache, le N. de Saint-Gervais, Beauvoir, Château-neuf, le S. de Paux, le S.-O. de Saint-Étienne-de-Mer-Morte, le N-. N.-E. de Froidefond, le N.-O. de Palluau, le N. de Touvois et de Machecoul, les environs de Bourgneuf (Loire-Inférieure), la partie N. de l'île de Noirmoutier, etc., pour former un assez grand golfe vers Apremont, une baie étroite vers Palluau, un cap à Beauvoir et une petite île de Noirmoutier. Ainsi, tous les points qui se trouvent du côté E. de la ligne que j'indique faisaient partie du continent, qui, venant de l'Allemagne, des Vosges, du Jura, du Morvan, de l'Auvergne, de l'Aveyron et du Limousin, formait avec le haut Poitou, la Vendée, la Bretagne et une partie des îles Britanniques, une langue de terre comprise entre deux mers presque entièrement séparées : d'un côté, celle dans laquelle se sont déposés les terrains crétacés du N. de la France et de l'Europe ; de l'autre côté, celle dans laquelle se sont déposés les terrains crétacés du S. de ces pays.

Je ne crois pas que les terrains crétacés du nord et du midi aient été aussi séparés qu'on l'a pensé : les deux mers étaient probablement réunies au N.-O. de la Vendée pendant la formation du grès vert. Elles n'auraient donc été réellement séparées l'une de l'autre qu'entre la formation du terrain glauconieux et celle du terrain crayeux ; mais elles l'auraient été par une commotion violente et brusque ; tandis que, pendant la formation des terrains du groupe oolithique, il n'y avait eu vraisemblablement que des exhaussements lents des côtes de la Vendée, ce qui a permis aux divers étages de ce groupe de se recouvrir les uns les autres comme les tuiles d'un toit, à partir des côtes formées par les terrains anciens du N. de la Vendée.

Si, pendant que les terrains des marais et du groupe paléothérique se déposaient, les sables crétacés formaient la côte et même des dunes, à une certaine époque pendant le dépôt du terrain glauconieux, ils formaient déjà une plage et un bas-fond qui tempéraient l'impétuosité des vagues. Plus tard il est devenu facile pour la mer et les vents de façonner des plages de sables et des dunes dans ces parages, puisqu'il y existait des dépôts presque inépuisables de grès et de sables. Enfin, lorsque les terrains glauconieux de la Vendée et de la Saintonge se formaient simultanément, les côtes talquo·

quarzeuses de la Vendée fournissaient davantage de matériaux siliceux que les côtes argilo-calcaires de la Saintonge. Aussi les grès et les sables dominent-ils dans la première contrée ; tandis que dans la seconde ce sont les calcaires, les marnes et les argiles qui abondent. Quoi qu'il en soit de cette différence, le sol de la Vendée et ses accidents sous-marins étant déjà très-variés à l'époque de la formation du terrain glauconieux, les dépôts de ce terrain ont dû être variés.

Il y a eu interruption dans la formation des groupes crétacique et paléothérique du S.-O. de la France, car la craie blanche n'existe ni en Bretagne ni en Vendée ; outre cela, dans la partie septentrionale de la Vendée, les terrains paléothériques reposent immédiatement sur le terrain glauconieux du groupe crétacique, et aussi bien sur les sommets que dans les anfractuosités de ce terrain. Ainsi il y avait longtemps que le sol crétacé avait été façonné et qu'il s'était opéré des dénudations, lorsque le terrain éocène s'est déposé. Il n'y a donc pas de passage réel entre les terrains crétacés et paléothériques, car la limite dont a parlé M. Dufrénoy [1] à l'égard de ces deux groupes de terrains dans les environs de Paris et dans le midi de la France, est encore plus tranchée en Vendée et en Bretagne.

De même il paraît qu'il y a eu une petite lacune ou interruption, dans la Vendée, depuis la formation de l'oolithe inférieure jusqu'à celle du sanklinsand. En effet, dans cet immense dépôt de terrains crétacés du S.-O. de la France, qui s'appuie d'un côté sur les terrains plus anciens des Pyrénées, et de l'autre côté sur les terrains an-

---

[1] *Mémoire sur les terrains tertiaires du bassin du midi de la France.*

ciens de la Vendée et de la Bretagne, c'est autre part que dans ces deux derniers pays qu'on doit chercher l'oolithe supérieure et probablement le terrain néocomien avec l'argile wealdienne : on ne rencontre guère l'oolithe moyenne que vers la limite méridionale de la Vendée.

La composition des terrains crétacés de la Vendée rejette l'idée d'un mélange important de charriages fluviatiles et terrestres avec les dépôts marins ; d'autant plus que le lignite de Commequiers, comme celui de l'île d'Aix, résulte d'une agglomération de plantes marines. Il n'y avait donc pas alors de grands cours d'eau dans la Vendée, ou du moins ils avaient leurs embouchures autre part que dans le N.-O. de cette contrée ; vraisemblablement aussi il ne se formait point dans ce pays de dépôts lacustres ou de source.

A l'égard du climat, il était semblable à celui des autres parties de la France, en sorte que je renverrai, dès à présent, aux traités généraux de géologie pour de pareilles questions [1].

Enfin, l'action soulevante a été moins intense en Vendée que dans d'autres contrées ; car on dirait, de prime abord, qu'elle y est venue presque en mourant redresser les dépôts crétacés, malgré les reliefs prononcés qui suivent sensiblement la direction de ces dépôts [2]. Dans tous les cas, l'inclinaison moyenne qui a lieu environ au S.-O., et par conséquent la direction à peu près du N.-O. au S.-E. des couches du terrain glauconieux de la Vendée, seraient dues à la même révolution qui a soulevé le grès vert de l'île d'Aix. Cette direction

---

[1] *V*. mes *Eléments de Géologie pure et appliquée*, 1 vol. in-8 avec planches. Paris, 1839.

[2] *V*. pour plus de détails la description des autres groupes de terrains.

est comprise entre celle du système du mont Viso et celle du système du Thuringerwald ; mais, comme elle se rapproche beaucoup de celle qui caractérise le système du mont Viso, et que, prises sur une très-petite étendue, les directions ne doivent pas être rigoureusement parallèles, nous la rapporterons au système qui, d'après M. Élie de Beaumont, a pour type le mont Viso, dont le soulèvement s'est effectué entre le dépôt de la craie tufeau et celui de la craie blanche, et dont la direction moyenne a lieu du N.-N.-O. un peu O. au S.-S.-E. un peu E.

Explication des Planches.

Pl. IX, fig. 1.

A	Mer.	
B	Dunes.	
C	Marais ou alluvions vaseuses, limoneuses et sableuses.	
D	Tourbe de bruyères et terreau végétal.	
E	Faluns du terrain paléothérique miocène.	
F	Glauconie, calcaire glauconieux, tufeau, sable glauconieux, macigno, et calcaire coquillier cristallin.	Terrain glauconieux.
G	Calcaire compacte, cristallin ou lamellaire.	Terrain glauconieux.
H	Calcaire argileux et marne plus ou moins schistoïde.	Terrain glauconieux.
I	Argile grisâtre ou noirâtre, avec lignite schistoïde et sperkise.	Terrain glauconieux.
J	Grès fin calcarifère.	Terrain glauconieux.
K	Grès plus ou moins ferrugineux et sable ferrugineux, avec ludus, spongiaires et galets.	Terrain glauconieux.
L	Argile ocreuse et sableuse.	Terrain glauconieux.
N	Talcschiste passant tantôt au phyllade, tantôt au micaschiste.	

Fig. 2.

A	Mer.	
B	Dunes et marais.	
C	Terrain remanié ou de transport.	
D	Terrain miocène.	
E	Terrain éocène.	
F	Grès.	Terrain glauconieux.
G	Grès, sables et argiles.	Terrain glauconieux.

— 36 —

H   Granite.
I   Talcschiste.
J   Micaschiste.

Fig. 3.

B   Dunes et marais.
C   Terrain remanié ou de transport.
D   Terrain éocène
E   Calcaire cristallin, lamellaire, compacte, parfois ooli-
    thique ou passant au macigno, et calcaire argileux.
F   Ocre, argile sablo-ocreuse, limonite jaspoïde et grès
    jaspoïde.
G   Grès avec végétaux fossiles.
H   Grès et sables rougeâtres, avec cailloux, poudingues,
    argile ocreuse et sableuse, spongiaires et ludus.
I   Talcschiste.
J   Granite.
K   Micaschiste.

Terrain glauconieux.

Fig. 4.

A   Mer.
B   Marais.
C   Terrain éocène.
D   Tufeau, glauconie, sable glauconieux, calcaire cristal-
    lin coquillier, et macigno.
E   Calcaire cristallin, lamellaire ou compacte, et calcaire
    argileux.
F   Calcaire argileux, marne et argile.
G   Sables, grès et argile, avec spongiaires, ludus et ocre.
H   Talcschiste.

Terrain glauconieux.

Fig. 5.

A   Quarzite gris-blanc ou ferrugineux.   Terrains paléothé-
B   Sable jaune et rouge avec cailloux roulés.   riques.
C   Sable vert.
D   Calcaire coquillier.
E   Argile bleue micacée.
F   Argile bleue, avec lignite, pyrites, et nodules roulés de
    calcaire compacte bleu.
G   Sable bleu-verdâtre avec lignite.
H   Talcschiste gris-blanchâtre avec nodules de quarz blanc.

Terrain glauconieux.

Fig. 6.

A   Mer.

B Grés.
C Sables. } Terrain glauconieux.

Cette figure montre également la situation respective des buttes ou pointes crétacées.

Fig. 7.

A Dunes et marais.
B Terrain remanié ou de transport.
C Grès.
D Sable verdâtre ou jaune-rougeâtre. } Terrain glauconieux.
E Talcschiste.
F Pegmatite.
G Micaschiste.
H Granite et pegmatite.
I Gneiss.

Fig. 8.

A Grès et quarzites blancs, gris ou ferrugineux, parfois poudingiformes; sable bleu-verdâtre, jaune ou rougeâtre, parfois micacé, avec argile plus ou moins ocreuse, ludus et spongiaires.

B Cailloux roulés de quarz; grès et sable plus ou moins ferrugineux et micacés, avec ludus et spongiaires; sable vert; glauconie coquillière; tufeau; macigno; couches marneuses.

C Calcaire coquillier, cristallin, lamellaire ou compacte, parfois oolithique, et passant au macigno ou bien au grès coquillier.

D Calcaire argileux; marne plus ou moins schistoïde; argile bleue ou grisâtre, parfois micacée, avec lignite, sperkise et nodules de calcaire.

E Grès calcarifère; sable bleu-verdâtre avec lignite; grès et sable plus ou moins ferrugineux, et parfois micacés, avec argile ocreuse, limonite, galets, poudingues, ludus et spongiaires.

Pl. X.

Vue de la grotte des Dames du bois de la Chaise.

Pl. XI.

Vue des rochers du bois de la Chaise.

Pl. XII.

Vue de la pointe du bois de la Lande et de l'îlot du Cobe.

Pl. XIII.

Vue de l'anse du fort Saint-Pierre.

Imp. de P. Pinetearu.

Imp. de J. Binetreau.

Pl. XIII.
imp. de P. Bineteau.

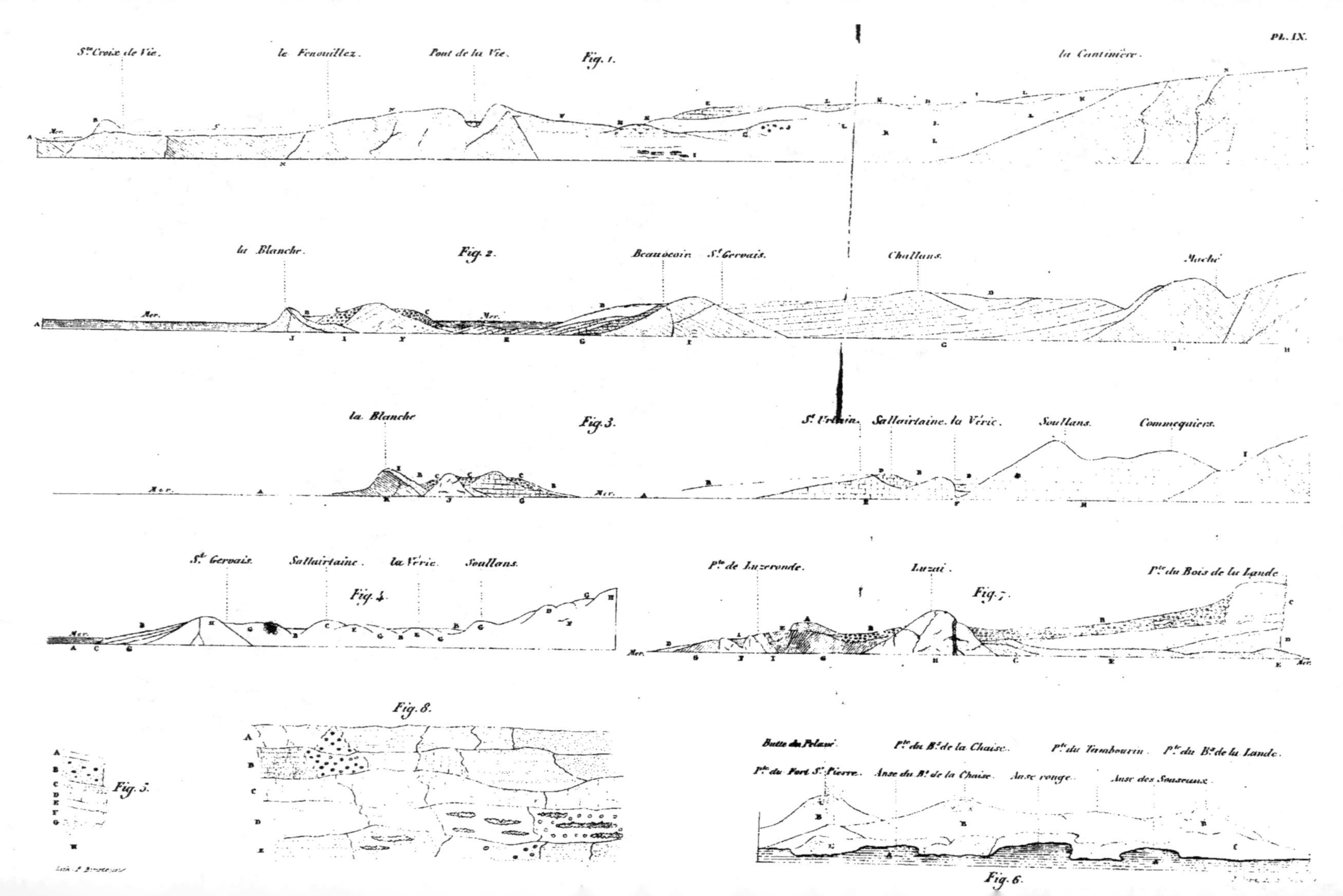

Pl. IX.
Ste Croix de Vie. le Fenouillez. Pont de la Vie. Fig. 1. la Cantinière.
la Blanche. Fig. 2. Beauvoir. St Gervais. Challans. Meche.
la Blanche. Fig. 3. St Urbain. Sallairtaine. la Vérie. Soullans. Commequiers.
St Gervais. Sallairtaine. la Vérie. Soullans. Fig. 4.
Pte de Luzeronde. Luzai. Fig. 7. Pte du Bois de la Lande.
Fig. 8.
Fig. 5.
Butte du Pelaui. Pte du Bt de la Chaise. Pte du Tambourin. Pte du Bt de la Lande.
Pte du Port St Pierre. Anse du Bt de la Chaise. Anse rouge. Anse des Souzeaux.
Fig. 6.